Linda Liebl

# Das Phänomen des "Genius loci" unter besonderer Berücksichtigung der eigenschaftslosen Stadt

GRIN Verlag

**Bibliografische Information der Deutschen Nationalbibliothek:**

Die Deutsche Bibliothek verzeichnet diese Publikation in der Deutschen National-
bibliografie; detaillierte bibliografische Daten sind im Internet über http://dnb.d-
nb.de/ abrufbar.



**Impressum:**

Copyright © 2005 GRIN Verlag GmbH
Druck und Bindung: Books on Demand GmbH, Norderstedt Germany
ISBN: 978-3-640-26592-3

Universität Hannover, Fachbereich Landschaftsarchitektur und Umweltentwicklung,

Institut für Grünplanung und Gartenarchitektur

# Das Phänomen des *Genius loci*

## unter besonderer Berücksichtigung der eigenschaftslosen Stadt

Linda Liebl

Vorlesung *Theorie aktueller Landschaftsarchitektur* im WS 2004/05

# Inhaltsverzeichnis

## 1.  Zum Begriff *Ort*

CHRISTIAN NORBERG-SCHULZ beschreibt in seinem Aufsatz „*Ort?*" den *Genius loci*. Damit meint er den Geist, das Wesen eines Ortes. Dieser Geist wird durch verschiedene Elemente geprägt, sowohl durch konkrete, als auch durch weniger fassbare, die zusammen eine gewisse Stimmung erzeugen.

Das Wort *Genius loci* hat seinen Ursprung im römischen Glauben. Man sagte, Menschen und Orte haben ihren Genius (lat.: Schutzgeist), der sie durch das gesamte Leben begleitet. Durch die Epochen hindurch ist der *Genius loci* teilweise erhalten geblieben, er wird meistens als Ortscharakter oder ähnliches erwähnt.[1]

Im Laufe der Zeit hat er zunehmend an Bedeutung verloren, besonders ab der Nachkriegszeit und dem einsetzenden Wiederaufbau. Als Antwort und Appell zur Rückbesinnung auf den *Genius loci* hat der Architekt Christian Norberg-Schulz 1979 sein Buch „Genius loci, Landschaft Lebensraum Baukunst" herausgebracht. Er erklärt hier die Bedeutung der Rücksichtnahme auf die örtlichen Eigenheiten und Besonderheiten.

Auch die Landschaftsarchitektur befasst sich mit dem *Genius loci*. Er kann ein brauchbares Werkzeug sein, dessen man sich bedienen könnte, um bestimmte Landschaftsstrukturen, die zunehmend durch unsere Gesellschaft entstehen, sinnvoll und nachhaltig zu verändern.

MARC AUGÉ dagegen spricht von Nicht-Orten. Nicht-Orte sind im Wesentlichen die Transiträume, die wir nur durchqueren, die wir passieren und an denen wir uns nie längere Zeit aufhalten. Das sind sogenannte *schnelle Orte*, die durch kurze Aufenthalte, geringe ausschnitthafte Wahrnehmung der Umgebung, räumliche Bezugslosigkeit, Monotonie und Leere gekennzeichnet sind. Die Reduktion auf die jeweilige Funktionalität ist ein wesentliches Kennzeichen von Nicht-Orten.

Die wichtigste Eigenschaft von Nicht-Orten ist, dass sie weder Geschichte, noch Identität oder Relation haben.[2] Es sind also Orte ohne *Genius loci*.

Nach Augé werden Nicht-Orte durch die *Übermoderne* produziert. Diese *Übermoderne* wird durch drei wesentliche Transformationen gekennzeichnet: eine Beschleunigung der Geschichte, ein „Kleinwerden" der Erde und eine zunehmende Individualisierung.[3]

REM KOOHAAS stellt in seinem Aufsatz das Wesen einer Stadt ohne Eigenschaften dar. Eine solche Stadt besteht, um mit Augés Worten zu sprechen, hauptsächlich aus Nicht-Orten.

---

[1] vgl. NORGERG-SCHULZ 1982, S. 131
[2] vgl. AUGÉ 1994, S. 92
[3] vgl. ebd., S. 127

Im Folgenden werde ich mich genauer mit dem Phänomen der *eigenschaftslosen Stadt* auseinander setzen.

Zuerst stelle ich verschiedene Definitionsversuche des Begriffs *Stadt* vor, um dann die *Stadt ohne Eigenschaften* nach Koolhaas zu beschreiben. Um Koolhaas´ komplexe Vorstellungen etwas verständlicher zu machen und abschließend zu einer relativ objektiven Bewertung der *Stadt ohne Eigenschaften* zu gelangen, gebe ich anschließend ein Beispiel einer Stadt ohne, sowie einer mit Eigenschaften.

Den Schluss des Aufsatzes bildet die Darstellung des Umgangs mit dem *Genius loci* in der Praxis anhand des Beispiels zweier Landschaftsarchitekten.


## 2.  Definition *Stadt*


Es wurde bereits vielfach diskutiert, wie der Begriff der *Stadt* zu definieren sei. Es gibt viele unterschiedliche Meinungen darüber. Viele Wissenschaftler glauben jedoch, dass es keine allgemeingültige Definition für den Begriff *Stadt* geben kann, da Orte in einem permanenten Wandel begriffen sind und man sie daher nie ganz greifen kann. Gerhard Dilcher beschreibt dieses Phänomen in seinem Aufsatz mit einem Zitat von Nietzsche: „Alle Begriffe, in denen sich ein Prozess semiotisch zusammenfaßt, entziehen sich der Definition; definierbar ist nur das, was keine Geschichte hat.“[4] Dilcher schließt daraus, dass *„jede Stadt als historisches Individuum zu sehen ist, das in seiner Einmaligkeit durch die Vielfalt [seiner] Faktoren bestimmt ist und nur beschreibend historisch erfasst werden kann.“*[5]

Trotz der These, dass nur Dinge ohne Geschichte definiert werden können, wurde immer wieder versucht eine ungefähre Definition zu finden.

Ein interessanter Definitionsversuch ist der von Carl Haase. Seine Definition beruht auf variablen Kriterienbündeln, so dass viele unterschiedliche Städte und auch unterschiedliche zeitliche Konstellationen berücksichtigt werden können.[6]

Auch Max Weber hat sich mit dem Phänomen *Stadt* auseinander gesetzt und den Begriff der *okzidentalen Stadt* eingeführt. Er stellt die abendländische Stadt als den Idealtypus der Stadt dar. Die Kriterien dieses Idealtypus´ sind Befestigung, eigener Markt, eigenes Gericht und teilweise eigenes Recht, Verbandscharakter, teilweise Autonomie und Autokephalie.[7] Diese Betrachtung von Stadt ist eine Typisierung, die die Gesellschafts- und Verfassungsform einer Stadt zeigt und

---

[4] DILCHER, Gerhard: Einheit und Vielheit in Geschichte und Begriff der europäischen Stadt. In: JOHANEK 2004, S. 13
[5] ebd., S. 14
[6] vgl. ebd., S. 14
[7] ebd., S. 16. Autokephalie bedeutet eigene Normsetzung und eigene politische Herrschaft..

sie so von anderen Städten abgrenzt. Diese Art der gestuften und verallgemeinernden Typenbildung war ein wichtiger Schritt zur Definition.

Rolf Kießling stößt in seinem Aufsatz ebenfalls auf das Problem der sich mit der
Zeit wandelnden Orte. Sie durchlaufen bei ihrer Entwicklung verschiedene Stadien, so dass sich ihr Stellenwert nicht eindeutig bestimmen lässt.[8] Der Stellenwert oder Status eines Ortes bemisst sich nach Kießling anhand seiner Zuordnung zu einem Siedlungstyp. Bei diesen Siedlungstypen ist das Dorf am niedrigsten und die Stadt am höchsten zu bewerten. Zwischen Stadt und Dorf steht der
*Markt*. Die Stadt spiegelt eine besondere Qualität wieder, sie ist die Spitze der
Entwicklung. Alle anderen Siedlungstypen nennt er ein „Noch-Nicht" oder ein
„Nicht-Mehr". Somit hat für Kießling jede Ortschaft das Ziel, eine Stadt zu werden.[9]

Auf einer ähnlichen Grundlage wie Kießling wagt Heit den Versuch einer konkreten Definition. Hierzu macht er zwei Vorschläge:

> „Vorschlag 1: Innerhalb eines wählbaren Bezugssystems, für das der Begriff
> „Siedlung" sinnvolle Anwendung finden kann, ist „Stadt" diejenige gestuft rea
> lisierte Siedlungsform, die durch die Modalkategorie der Steigerung gekenn
> zeichnet ist gegenüber einer inferioren Vergleichsgesamtheit nichtstädtischer
> Siedlungen."[10]

Ebenso wie Kießling sagt Heit hiermit also, dass die Stadt sich durch ihr Gegenteil zum Dorf definiert, nämlich durch die Tendenz zum Maximum und Optimum, dadurch dass sie eine bessere Qualität hat und die Spitze der Entwicklung
darstellt.

Heits zweiter Vorschlag hat einen ähnlichen Ansatz, bezieht sich aber mehr auf
die Einzelelemente, die eine Stadt ausmachen.

> „Vorschlag 2: Mit Bezug auf die der Siedlung inhärenten Kategorien ist Stadt
> diejenige Siedlungsform, bei der sich eine variante Verbindung qualitativ wie
> quantitativ unterschiedlich gesteigerter Elemente zu einer gestuften Pluralität
> individualisierender Prägung vereint."[11]

Hier geht Heit also wieder auf die Steigerung der Qualität ein, aber außerdem berücksichtigt er auch, dass die Identität einer Stadt gerade dadurch entsteht, dass

---

[8] KIEßLING, Rolf: Zwischen Stadt und Dorf? Zum Marktbegriff in Oberdeutschland. In:
JOHANEK 2004, S. 121
[9] ebd., S. 122
[10] HEIT, Alfred: Vielfalt der Erscheinung – Einheit des Begriffs? Die Stadtdefinition in der
deutschsprachigen Stadtgeschichtsforschung seit dem 18. Jahrhundert. In: JOHANEK 2004,
S. 12

sich in jeder Stadt unterschiedliche Elemente unterschiedlich stark weiterentwik-
keln.

Peter Sloterdijk hat diesen Sachverhalt folgendermaßen ausgedrückt: *„Stadt ist
die Mobilmachung der in der Siedlung ruhenden Potentiale aus dem Geist der
Selbstintensivierung.* "[12]

Dies ist sicher eine gute Möglichkeit einer allgemeingültigen Definition für den
Begriff *Stadt*. Sie beschreibt die Entstehung von Städten und gleichzeitig den
Unterschied von Städten zu anderen Siedlungstypen.

Um die einzelne Siedlung nun aber einordnen zu können, reicht diese Definition
nicht aus. Hierzu muss man die Siedlung in den verschiedenen Phasen ihrer
Entwicklung betrachten. Nur so kann man feststellen, ob man es mit einer Stadt
zu tun hat, oder nicht.[13]

Im Folgenden möchte ich auf verschiedene Definitionen von *Stadt* aus diversen
Lexika eingehen. Das Bertelsmann Volkslexikon schreibt 1960:

> **Stadt** Der Übergang von Agrar- zu Industriestaat führte zur Bildung der Groß-
> städte (durch Bevölkerungszusammenballung, durch Gemeindezusammenle-
> gung) und Weltstädte sowie zur Verstädterung. (...)"[14]

Diese Definition klingt sehr euphorisch, wie ein großer Triumph. Hier wird nicht
sachlich erklärt, wie eine Stadt an sich entsteht oder zusammengesetzt ist, sondern nur die Entstehung einer neuen Form von Städten, den Großstädten, hervor-
gehoben. Auf diese Großstädte ist man stolz, da sie sich nach dem Krieg so
schnell und mühelos entwickelt haben.

Im DTV – Lexikon von 1973 sieht die Definition ähnlich aus. Allerdings ist sie
sachlicher und beschreibender. Man ist immer noch stolz auf den großen Fort-
schritt.

> **Stadt** (Heutige Bedeutung seit dem frühen Mittelalter) Größerer geschlossener
> Wohnplatz, Ortschaft mit Stadtrecht. Die Stadt ist eine Form der Siedlung, im
> Unterschied zum Dorf ein Sammelplatz von Gewerbe und Industrie, von Handel
> und Verkehr, (...).
> Zum Begriff der Stadt gehören u. a.: dichte Bebauung, innerräumliche Aufglie-
> derung, bestimmte Einwohnerzahl, soziale Schichtung mit fortgeschrittener Ar-
> beitsteilung, in den letzten Jahrzehnten zunehmende Citybildung. (...)"[15]

---

[11] ebd., S. 12
[12] ebd., S. 12
[13] KIEßLING, Rolf: Zwischen Stadt und Dorf? Zum Marktbegriff in Oberdeutschland. In:
JOHANEK 2004, S. 143
[14] BERTELSMANN-VOLKSLEXIKON 1960, *Stadt*
[15] DTV-LEXIKON 1973, *Stadt*

In dieser Definition wird der von Heit und Kießling an die Stadt gestellte Anspruch der Steigerung deutlich. Es ist die Rede von *„dichter Bebauung"* und *„fortgeschrittener Arbeitsteilung"*.

Das Große Lexikon von 1996 geht ebenfalls auf diese Steigerung ein, greift zum ersten Mal aber auch die negativen Lebensbedingungen in der Stadt und die Auswirkungen der Stadt auf die Umwelt auf.

> **„Stadt** Historisch gewachsene, wesentlich auf Handel, Gewerbe und Industrie aufgebaute größere Siedlungs- und Lebensgemeinschaft. Zum Begriff der S. gehören v. a. weiträumige Gliederung mit großangelegtem Straßennetz, dichte Bebauung, große Einwohnerzahl, Ballung von Produktions-, Verwaltungs- und Kultureinrichtungen bei starker sozialer Schichtung und weitgehender Arbeitsteilung. (...) Die Industrialisierung bewirkte ein rasches Anwachsen der Stadtbevölkerung und führte zur Entwicklung der *Großstadt* (Metropole), die heute in einigen Regionen zu überdimensionalen Ballungszentren (Agglomerationen) mit entspr. Umweltproblemen, Slumbildung, Verkehrschaos u. a. ausgeufert ist."[16]

Das Universallexikon aus dem Jahre 2002 fasst die Definition ganz kurz und knapp, indem es nur die wesentlichen Funktionen von Städten aufzählt. Die Unterscheidung in Land-, Klein-, Mittel- und Großstadt hingegen macht die Vielgestaltigkeit von Städten deutlich.

> **„Stadt** Geschlossene Siedlung mit zentraler Funktion in Gewerbe, Handel, Kultur, Verwaltung u. a.; statistische Unterscheidung: Landstadt mit 2.000 bis 5.000, Kleinstadt mit 5.000 bis 20.000, Mittelstadt mit 20.000 bis 100.000, Großstadt mit über 100.000 Einwohner."[17]

Die geringe Anzahl an Quellen macht eine aussagekräftige Schlußfolgerung leider nicht möglich.

Eine Interpretationsmöglichkeit aber könnte sein, dass sich das Bild der Stadt in den letzten vierzig Jahren stark verändert hat. In den 60er Jahren ist man stolz auf die immer größer werdenden Städte. In den 70er Jahren ist immer noch freudig von Steigerung und Aufschwung die Rede. In den 90ern wird die Euphorie abgeschwächt durch die allmählich in den Vordergrund großer Städte tretenden Probleme der Wohnungsnot und Umweltbelastung. Heute wird die Stadt weder positiv noch negativ gewertet. Es scheint eine gewisse Gleichgültigkeit der Stadt gegenüber entstanden zu sein. Sie wird nur noch funktional gesehen und die Unterschiede werden nur in der Bevölkerungszahl dargestellt.

---

[16] GROßES LEXIKON A-Z 1996, *Stadt*
[17] UNIVERSAL-LEXIKON 2002, *Stadt*

## 3. *Die Stadt ohne Eigenschaften* nach Rem Koolhaas

Eine Stadt ohne Eigenschaften ist nach Rem Koolhaas eine Stadt ohne Identität. Denn Identität wird bestimmt durch physische Substanz, Geschichte, Kontext und Realität. Diese Faktoren treffen auf eine eigenschaftslos Stadt aber nicht zu. Koolhaas beschreibt Identität als etwas Negatives. Er sagt, dass sie die Stadt einengt und weniger offen und dynamisch macht. Außerdem erfordere sie immer einen Mittelpunkt, ein Zentrum. Die Schwäche eines Zentrums ist jedoch, dass es an Kraft verliert, wenn die Stadt expandiert. Des Weiteren ist ein Zentrum eine große Belastung, da es ständig modernisiert werden muss und sich immer neue Abhängigkeiten ergeben.[18]

Die eigenschaftslose Stadt hat also kein Zentrum und keine Geschichte. Sie ist unkompliziert und expandiert je nach Platzbedarf. Ähnliche Faktoren machen nach Augé einen Nicht-Ort aus („*(...) so definiert ein Raum, der keine Identität besitzt und sich weder als relational noch als historisch bezeichnen läßt, einen Nicht-Ort*"[19]) . Ich denke, dass dies nicht bedeuten kann, dass die gesamte Stadt ein Nicht-Ort ist, sondern eher, dass die Nicht-Orte in dieser Stadt überwiegen, während Orte nur noch ganz selten auftreten.

*Vorkommen von Städten ohne Eigenschaften*
Die eigenschaftslosen Städte sind in den letzten Jahrzehnten stark gewachsen. In den 70er Jahren hatten sie ca. 2,5 Mio. Einwohner, während sie 1996 schon etwa 15 Mio. Einwohner hatten.
Aber nicht nur die Einwohnerzahl, sondern auch die Anzahl dieser Städte auf der Erde ist angestiegen. Mittlerweile gibt es auf jedem Kontinent eigenschaftslose Städte. Auffallend dabei ist, dass die Anzahl dieser Städte zunimmt, je mehr man sich dem Äquator nähert.[20] Daher ist das Klima in solchen Städten meistens überdurchschnittlich warm, das Wetter ist stabil,[21] das heißt, es gibt fast keine Jahreszeiten. Diese Tatsache trägt zu der Eigenschaftslosigkeit bei, denn wenn das Wetter sich nie ändert, kann man die Städte auch daran nicht identifizieren.

Insgesamt ist die eigenschaftslose Stadt ein *„Konzept im Bewegungsstadium"*. Ihr endgültiges Ziel ist es, tropischer zu werden. Das heißt nach Koolhaas, dass sie besseres Wetter und schönere Menschen zum Ziel hat.[22] Damit erklärt sich auch die *Wanderung* der eigenschaftslosen Städte in Richtung Äquator.

---

[18] KOOLHAAS 1996, S. 18
[19] AUGÉ 1994, S. 92
[20] vgl. KOOLHAAS 1996, S. 22
[21] ebd., S. 26

*Bevölkerung*

Eigenschaftslose Städte sind multirassisch und multikulturell. Es gibt Schwarze, Weiße, Latinos und Asiaten. Durch die verschiedenen Kulturen ist die Architektur sehr unterschiedlich und bunt. Die Bevölkerung besteht aus Menschen, *„die unterwegs gewesen sind und jederzeit weiterzuziehen können"*[23]. Es sind Menschen, denen es woanders nicht gefällt.

Das heißt, dass solche Städte zufällig gegründet werden, eben dann, wenn sich verschiedene Reisegruppen auf dem Weg treffen und beschließen sich an diesem Ort niederzulassen. Koolhaas beschreibt diesen Prozess mit *„geboren werden"*[24].

Insgesamt sind die Menschen in eigenschaftslosen Städten anders als in anderen Städten. Koolhaas sagt, sie seien schöner, ausgeglichener, weniger aggressiv und höflicher. Dies erklärt er mit der Tatsache, dass sie weniger Sorgen haben und die Abwechslung und die lockere Form der Architektur sich in ihren Gemütern widerspiegelt.[25]

*Architektur*

Koolhaas sagt, dass es in jeder Stadt interessante und langweilige Architektur gibt, genauso auch in der eigenschaftslosen Stadt. Andererseits sagt er auch, dass die Architekten in den eigenschaftslosen Städten sich der Herausforderung gestellt haben und wagemutig geworden sind, so dass es nun kaum noch langweilige Gebäude gibt.

Scheinbar will er also sagen, dass es zwar Langweiliges und Interessantes gibt, von dem Langweiligen aber bald nicht mehr viel übrig sein wird, da sich nur die bestdurchdachten und interessantesten Projekte gegen die Konkurrenz durchsetzen können (s. Abb. 1). Nach Koolhaas´ Ansicht entsteht dadurch eine schöne Architektur.[26]

Im Gegensatz dazu steht der von Maxim Gorki geprägte Begriff der *„abwechslungsreichen Langeweile"*. Damit ist gemeint, dass es einem langweilig wird, wenn es so viel Abwechslung gibt, dass man sich schon wieder an sie gewöhnt hat. Bei so viel Abwechslung wäre es spannend eine Wiederholung zu sehen.[27]

Ich schließe mich Gorki an, da die einzelnen Bauwerke schnell ihre Wirkung verlieren, wenn jedes einzelne Bauwerk den Anspruch hat, außergewöhnlich interessant zu sein.

*Abb. 1: Die* Peis Bank of China *in Honkong ist eines der höchsten Gebäude der Welt.*

---

[22] ebd., S. 26 / 27
[23] ebd., S. 23
[24] ebd., S. 23
[25] vgl. ebd., S. 27
[26] vgl. ebd., S. 26
[27] vgl. ebd., S. 26

Die Architektur der Stadt ohne Eigenschaften wird in einem sehr hohen Tempo erbaut und sie wird anpassungsfähig gemacht. Es werden keine Prinzipien mehr angewendet, *„sondern systematische (...) Prinzipienlosigkeit"*[28].

In den Gebäuden kann mit Hilfe von Klimaanlagen jede Art von Wetterphänomenen inszeniert werden. Diese künstliche Erschaffung von Phänomenen, die man außerhalb des Gebäudes jederzeit erleben kann, stellt Koolhaas ein wenig in Frage. Er ist sich nicht sicher, ob er das als Inkompetenz oder schöpferische Phantasie werten soll.


*Struktur*

Die Originalität der eigenschaftslosen Stadt liegt nach Koolhaas in ihrem Verzicht auf alles Funktionslose.[29] Das heißt, es werden nur noch notwendige Bewegungen berücksichtigt: zum Beispiel das Auto. Da Autos immer schneller werden, gibt es Schnellstraßen, während kleinere Straßen nicht mehr notwendig sind.


Diese Stadt *„befindet sich auf dem Weg von der Horizontalität zur Vertikalität"*[30], was heißt, dass immer mehr Hochhäuser entstehen. Das Ideal der eigenschaftslosen Stadt ist dann erreicht, wenn es eine *„Konzentration in der Isolation"*[31] gibt. Das bedeutet, dass viele Menschen auf engem Raum in einem Hochhaus wohnen, die einzelnen Hochhäuser aber räumlich so weit getrennt sind, dass sie nicht miteinander interagieren können. So entsteht dann das Paradox, dass die Einwohnerzahl zwar wächst, die Dichte der Stadt aber gleichzeitig abnimmt.[32]

Die eigenschaftslose Stadt besteht aus drei Elementen: aus Straßen, Gebäuden und Natur. Diese drei Elemente haben flexible Beziehungen zueinander. Das heißt, jedes der drei kann dominieren und es kann vorkommen dass ein, zwei oder sogar alle drei Elemente fehlen.

An Orten, an denen alle drei nicht vorhanden sind, tritt *„Kunst im öffentlichen Raum"*[33] auf. In diesem Zusammenhang fragt sich Koolhaas, was wohl das Gegenteil von Orten sei. Augé gibt darauf die Antwort: Nicht-Orte. Wenn nun aber die gesamte Stadt fast nur aus Nicht-Orten besteht, wieso empfindet Koolhaas Kunst im öffentlichen Raum dann als besonders eigenschaftslos?


In eigenschaftslosen Städten wird nicht geplant, da die Planung als völlig irrelevant empfunden wird. Die Planung ist für eine solche Stadt nicht von Bedeutung,

---

[28] ebd., S. 26
[29] vgl. ebd., S. 23
[30] ebd., S. 23
[31] ebd., S. 23
[32] vgl. ebd., S. 23
[33] ebd., S. 24

da es hier so viele unvorhersehbare Möglichkeiten gibt, dass Ursache und Wirkung nie rekonstruierbar, geschweige denn vorhersehbar sind. Hier ist es nicht wichtig, wie, sondern dass etwas funktioniert.[34]

Ich denke aber, dass es auch für das einfache Funktionieren wichtig ist, die Dinge in gewissem Grad zu planen. Je mehr geplant wird, desto wahrscheinlicher ist auch die Funktionsfähigkeit des Ganzen.

*Geschichte*

In eigenschaftslosen Städten gibt es immer einen Stadtteil, der sich der Geschichte der Stadt bekennt, während sie überall sonst ignoriert wird. In diesem Stadtteil wird ein Minimum an Vergangenheit konserviert, indem zum Beispiel alte Straßenbahnen eingesetzt werden.[35] Dieser Stadtteil ist ein *„ausgeklügeltes, mythisches Unternehmen, das die Vergangenheit feiert"*[36].

Die Bauwerke, die erhalten werden, um die Geschichte zu repräsentieren, werden willkürlich ausgewählt. Das zeigt, dass die Geschichte nicht wirklich ernst genommen, sondern nur für Touristen auf willkürliche Weise aufbereitet wird.

Obwohl die eigenschaftslose Stadt keine Geschichte hat, ist diese ihre Hauptbeschäftigung. Hier wird Geschichte zu einer Dienstleistung, bei der sich die Ladenbesitzer kostümieren, um für die Touristen die Geschichte wieder aufleben zu lassen.[37]

Koolhaas meint, dass die einzigartigen Teile aller eigenschaftslosen Städte zusammengenommen ein universelles Souvenir ergeben.[38] Das heißt, dass diese Städte eigentlich nichts wirklich Einzigartiges haben. Ein Bauwerk z. B., das als Attraktion angesehen wird, könnte genau so gut in jeder anderen Stadt stehen und ist damit kein Charakteristikum der Stadt mehr.

*Merkmale einer Stadt ohne Eigenschaften*

Eine eigenschaftslose Stadt hat keine Geschichte und keine Identität, so dass sie nach Augés Definition aus Nicht-Orten besteht. Diese Identitätslosigkeit macht die Stadt offener und dynamischer, da sie kein Zentrum braucht und die Stadt auf diese Weise vor den unerträglichen Belastungen permanent wachsender Abhängigkeiten schützt.[39]

---

[34] vgl. ebd., S. 24
[35] vgl. ebd., S. 24
[36] ebd., S. 25
[37] vgl. ebd., S. 25
[38] vgl. ebd., S. 25
[39] vgl. ebd., S. 18

Im Folgenden habe ich die wesentlichen Merkmale einer Stadt ohne Eigenschaften noch einmal kurz zusammengefasst:

In den letzten Jahrzehnten sind die eigenschaftslosen Städte in Größe und Anzahl stark gewachsen. Mittlerweile gibt es sie auf jedem Kontinent.[40]

Die Bevölkerung ist multirassisch und multikulturell. Die Menschen sind insgesamt ausgelassener und weniger aggressiv als in anderen Städten. Sie haben weniger Sorgen und sind aufgeschlossener, was sich unter Anderem mit der Verschiedenartigkeit der Architektur erklären lässt.[41]

Die Architektur besteht hauptsächlich aus interessanten Gebäuden, da die Architekten sich der Herausforderung der eigenschaftslosen Städte gestellt haben.[42]

Das Ideal der eigenschaftslosen Stadt ist die *Konzentration in der Isolation*, die durch die verstärkte Vertikalität und Vergrößerung der Städte entsteht. In der eigenschaftslosen Stadt ist Planung irrelevant, da Ursache und Wirkung nicht vorhersehbar sind. Hier ist es Hauptsache, dass die Dinge funktionieren.[43]

Die Geschichte wird zu einer Dienstleistung, mit der Touristen in die Stadt gelockt werden können. Sie wird in einem einzelnen Stadtteil konzentriert, während man sie im Rest der Stadt ignoriert.[44]


## 4. Singapur als Beispiel für eine Stadt ohne Eigenschaften


Ich werde nun auf Singapur eingehen als Beispiel für eine Stadt ohne Eigenschaften.

Singapur ist ein Stadtstaat an der Spitze der Halbinsel von Malaysia (s. Abb. 2). Es hat eine Fläche von 641 km², die auf eine Haupt- und 54 Nebeninseln verteilt sind. 1965 erlangte Singapur die Unabhängigkeit von England, was eine groß angelegte Stadterneuerung nach sich zog.

Singapur ist eins der wenigen Länder, die es geschafft haben, sich innerhalb von nur drei Jahrzehnten von einem Entwicklungsland zu einer *„New Industrializing Country"*[45] zu entwickeln. Singapur hat eines der größten Pro-Kopf-Einkommen der Länder im asiatischen Raume.[46] Diese schnelle Entwicklung ist nach Koolhaas ein Zeichen der Eigenschaftslosigkeit: *„Es handelt sich um ein Konzept im Bewegungsstadium."*[47]

*Abb. 2: Karte von Singapur*

---

[40] vgl. ebd., S. 22
[41] vgl. ebd., S. 23 u. S. 27
[42] vgl. ebd., S. 26
[43] vgl. ebd., S. 23
[44] vgl. ebd., S. 25
[45] NAGEL 1995, S. 299
[46] vgl. ebd., S. 299
[47] KOOLHAAS 1996, S. 26

*Bevölkerungsentwicklung*

Die Bevölkerung Singapurs hatte von Anfang an hohe Zuwachsraten. Dies ist vor allem mit dem großen Zustrom ausländischer Arbeiter zu erklären.[48] Zu Beginn der britischen Kolonialzeit (1819) lebten in Singapur ca. 1.000 Menschen. Diese Zahl erhöhte sich bis 1871 auf 97.111 Einwohner, da immer mehr indische und chinesische Einwanderer ins Land kamen. Diese starke Zunahme hat in den nächsten Jahren nicht abgenommen. 1950 hatte die Bevölkerung die Millionengrenze überschritten und 1994 gab es schon 2, 93 Mio. Einwohner in Singapur. Die Bevölkerungsdichte betrug 1994 5.000 Einw. / km².[49]

Auch die schnelle Entwicklung der Bevölkerungszahl ist für Koolhaas ein Kriterium für eine eigenschaftslose Stadt: *„Die eigenschaftslose Stadt hat während der letzten Jahrzehnte ein rasantes Wachstum verzeichnet.“*[50]

Folge dieses starken Bevölkerungswachstums war 1966 die Entstehung eines Familienplanungsprogramms[51]. Die Regierung versuchte die hohe Geburtenrate zu senken, indem sie psychischen Druck auf die Familien ausübte. Der Leitslogan dieser Kampagne hieß: *„Stop at two“*.

Diese Kampagne führte tatsächlich zu der angestrebten Senkung der Bevölkerungszunahme. Mitte der 80. Jahre stellte man dann allerdings fest, dass eine weitere Entwicklung in diese Richtung sehr bald zur Überalterung der Bevölkerung führen würde. Also wurde eine neue Kampagne gestartet: *„Have three if you can afford it“*. Diese Kampagne war nur an die gebildete Schicht der Bevölkerung gerichtet, weniger gebildeten Müttern wurde geraten, sich nach dem 2. Kind sterilisieren zu lassen.[52]

Trotzdem zählt Singapur zu den alternden Gesellschaften. Die Lebensbedingungen für alte Leute werden immer schlechter, weil die Belastung auf immer weniger Kinder verteilt wird.[53]

Derartige Probleme spricht Koolhaas in seinem Aufsatz nicht an.

*Bevölkerungsstruktur*

Die Bevölkerung Singapurs ist durch eine große ethnische Vielfalt geprägt. Insgesamt sind drei große ethnische Gruppen vertreten: Chinesen, Malaien und Inder. Die Chinesen machen mit 78 % die größte dieser Gruppen aus, die Malayen sind mit 14 % vertreten und die Inder bilden mit 7 % eine Minderheit (s. Abb. 3). Diese Gruppen unterscheiden sich in sich noch einmal nach Religionszugehörigkeit (s. Abb. 4), regionaler Herkunft und Sprache.

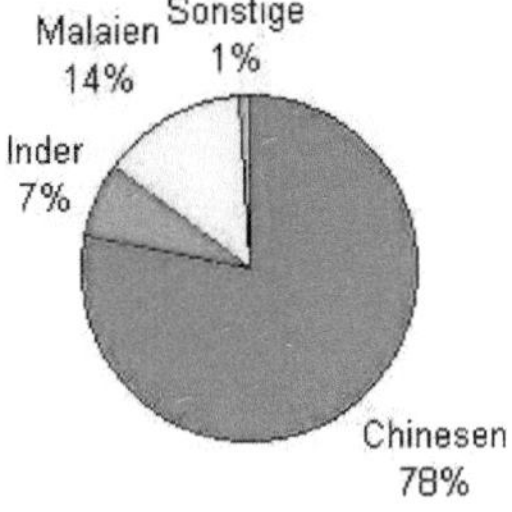


*Abb. 3: Verteilung der ethnischen Gruppen in Singapur*

---

[48] vgl. NAGEL 1995, S. 313
[49] vgl. ebd., S. 314
[50] KOOLHAAS 1996, S. 22
[51] vgl. ebd., S. 315
[52] vgl. ebd., S. 317
[53] vgl. VIELHABER 1991, S. 41

Außerdem gibt es in Singapur, bedingt durch diese vielen ethnischen Gruppen, vier verschiedene Amtssprachen: Hochchinesisch, Englisch, Malaiisch und Tamil[54]. Insgesamt herrscht in Singapur also eine große ethnische, religiöse und linguistische Heterogenität.[55]

Diese Tatsache weist wieder auf die Eigenschaftslosigkeit Singapurs hin: *„Die eigenschaftslose Stadt ist (...) nicht nur multirassisch, sondern auch multikulturell."*[56] Koolhaas geht aber nicht auf die Folgen einer solchen gemischten Bevölkerung ein. Vielhaber dagegen weist darauf hin, dass eine multi-ethnische Gesellschaft gleichermaßen eine Chance wie auch eine Gefahr darstellt. Die Chance sei, dass die Menschen offen und tolerant gegenüber anderen ethnischen Gruppen werden. Gleichzeitig bestehe aber auch die Gefahr eines Bürgerkriegs, wenn einzelne Gruppen sich sozial ungerecht und religiös intolerant behandelt oder politisch unterrepräsentiert und kulturell unterdrückt fühlen.[57]

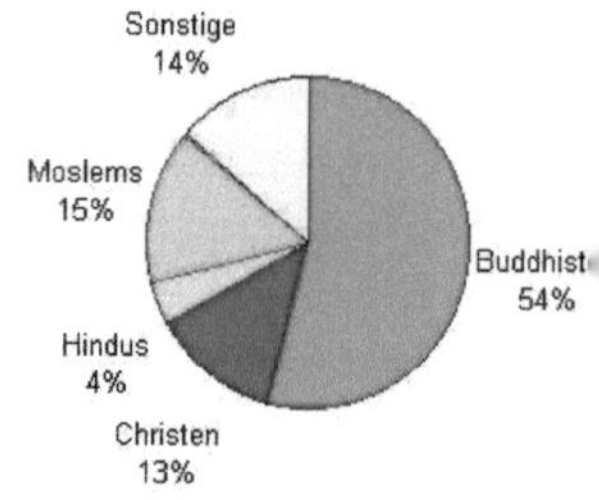


*Abb. 4: Verteilung der Religionszugehörigkeit in Singapur*

*Stadterneuerung*

Am 03.12.1941 wurde Singapur bei einem Angriff der Japaner fast völlig zerstört. Nach der Kapitulation der Japaner 1945 übernahm England erneut die Regierung. Die Stadt wurde nun schnell wieder aufgebaut. Der Hafen stand schon nach 8 Wochen wieder.[58] (*„Die eigenschaftslose Stadt ist die auf dem Boden der Ex-Stadt entstehende Post-Stadt."*[59])

In der Innenstadt herrschten sehr schlechte Wohnbedingungen, da die Bevölkerung sich dort häufte, während in den äußeren Stadtgebieten nicht so viele Menschen wohnten. Um dieses Problem zu lösen, wurde die Bevölkerung aus der Innenstadt dezentralisiert. Diese Dezentralisierung ist wiederum ein Merkmal der eigenschaftslosen Stadt: *„Die eigenschaftslose Stadt ist die Stadt, die dem Würgegriff des Zentrums, der Zwangshacke der Identität, entkommen ist."*[60]

Die Dezentralisierung ging in Singapur vom SIT (Singapore Improvement Trust) aus, welches auch die Idee des eigenen Appartements, statt des eigenen Hauses propagierte.[61] Diese Idee hat es sehr vereinfacht, der großen Menge der Bevölkerung eine Wohnung zu geben, die ihre Bedürfnisse befriedigt (s. Abb. 5).

Der Wiederaufbau musste also möglichst schnell von Statten gehen, damit alle Menschen mit Wohnraum versorgt werden konnten. Die Philosophie der ersten Planungsperiode lautete folglich: *„Built-now-plan-later"*[62]. Hier wurde also

*Abb. 5:* The PUB Haedquaters, *Wohnhaus in Singapur*

---

<sup>54</sup> Tamil ist die traditionelle Sprache der Inder
<sup>55</sup> vgl. ebd., S. 315
<sup>56</sup> KOOLHAAS 1996, S. 22
<sup>57</sup> vgl. VIELHABER 1991, S. 12
<sup>58</sup> vgl. ebd., S. 310
<sup>59</sup> KOOLHAAS 1996, S. 23
<sup>60</sup> ebd., S. 18
<sup>61</sup> vgl. NAGEL 1995 , S. 310
<sup>62</sup> vgl. ebd., S. 311

entdeckt, dass die Planung gar nicht so wichtig ist. *„Die Sache funktioniert – das reicht.“*[63]

Innerhalb von 23 Jahren wurden auf diese Weise mehr als 600.000 Wohnungen gebaut. Das Grundprinzip dieses Wohnungsbaus war *„die Errichtung von New Towns als selbständige Subzentren“*[64]. Diese *New Towns* sind Hochhaussiedlungen, die eine große Monotonie und Standardisierung der Baustruktur aufweisen.[65] *„Die eigenschaftslose Stadt befindet sich auf dem Weg von der Horizontalität zur Vertikalität (s. Abb. 6). Der Wolkenkratzer scheint die endgültige, definitive Typologie zu werden.“*[66]

*Abb. 6: Traditionelle* Shophouses *vor dem Hintergrund der modernen Wolkenkratzer*

Die *New Towns* sind relativ weit vom Zentrum entfernt. Daher haben sie ein eigenes Zentrum. Das hierarchische System der *New Towns* besteht aus drei Ebenen: den *Precincts* (4 – 8 Wohnblocks mit wenigen Geschäften), den *Neighbourhoods* (1 Nachbarschaft = bis zu 8 *Precincts*; im *Neighbourhood-Centre* gibt es ein größeres Angebot an Versorgungs- und Freizeiteinrichtungen) und dem *Town Centre* (Zentrum der Nachbarschaften, breitestes Angebot an Versorgungs- und Freizeitmöglichkeiten). Diese Städte sind von Schnellstraßen begrenzt, um das Zusammenwachsen zu verhindern. So bildet jede *New Town* ein abgeschlossenes System (s. Abb. 7).[67]

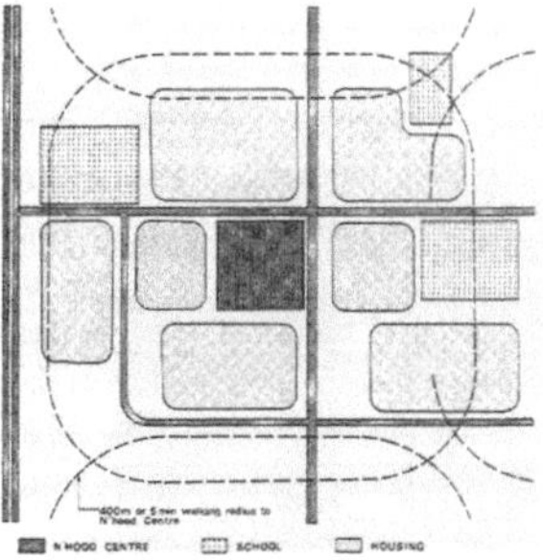

*Abb. 7: Das Neighbourhood-Prinzip*

Diese neue Art von Städten wurde also nur ihrer Nützlichkeit wegen gebaut. Das Ziel der Regierung war es, Singapur eine Chance auf dem Weltmarkt der Zukunft zu geben. Der wirtschaftliche Erfolg war abhängig von der Optimierung der Raumnutzung.[68] Daher war es das erste Ziel, die Bevölkerung möglichst zufriedenstellend und platzsparend unterzubringen. Beim Bau der Wohnungen wurde also hauptsächlich auf die Nützlichkeit geachtet, während die Wünsche und Traditionen der Bevölkerung im Hintergrund standen. Genau dieser Verzicht auf alles Funktionslose macht für Koolhaas die Originalität der eigenschaftslosen Stadt aus.[69]


*Neulandgewinnung*

Die von Koolhaas erwähnte uneingeschränkte Expansion der Stadt ohne Eigenschaften[70] trifft auf Singapur nicht ganz zu. Singapur hat sich zwar durch den Bau der *New Towns* sehr weit ausgebreitet, aber da die Stadt auf einer Insel liegt, sind die Grenzen genau definiert. Aber selbst diese Grenzen versucht Singapur zu erweitern, indem Maßnahmen zur Neulandgewinnung durchgeführt werden. Schon seit 1819 wird in Singapur Land aufgeschüttet. Im 20. Jahrhundert wurde

---

[63] KOOLHAAS 1996, S. 24
[64] vgl. NAGEL 1995, S. 341
[65] vgl. ebd., S. 343
[66] KOOLHHAS 1996, S. 23
[67] vgl. NAGEL 1995, S. 352 / 353
[68] vgl. ebd., S. 331
[69] vgl. KOOLHAAS 1996, S. 23
[70] vgl. ebd., S. 18

besonders viel Land benötigt, so dass sich die Fläche Singapurs von 1960 bis 1994 um mehr als 10 % vergrößert hat.[71]

Diese Neulandgewinnung macht Singapur auch insofern eigenschaftslos, dass das Aufschüttungsmaterial durch die Abtragung der Hügel auf der Insel gewonnen wurde[72], so dass sie dadurch auch ihre topographischen Eigenarten verloren hat. Gleichzeitig gibt es immer weniger natürliche Küstengebiete und das Meer wird in Mitleidenschaft gezogen, da es an Tiefe verliert. Dadurch verändert sich Flora und Fauna der Küste und des Meeres. Auch für die Menschen wird die Neulandgewinnung ihre Folgen haben: der Tiefseehafen Singapurs verschlammt durch die Änderung der Strömungsverhältnisse, was den Schiffsverkehr stark beeinflussen wird.

*Abb. 8: Singapur 1850*

Insgesamt ist Singapur also ein recht gutes Beispiel für eine Stadt ohne Eigenschaften. Es hat keine Identität, da die traditionelle Stadt im Krieg zerstört wurde und völlig anders wieder aufgebaut wurde (s. Abb. 9). Dadurch ist auch jegliche Geschichte der Stadt im Stadtbild verloren gegangen. Die Bevölkerung besteht aus unterschiedlichen ethnischen Gruppen und sie wächst immer weiter. Durch die New Towns wird *die „Konzentration in der Isolation"*[73] verwirklicht. Die Menschen leben in Hochhäusern und der Wohnort entfernt sich immer weiter vom Zentrum der Stadt.

*Abb. 9: Singapur 1993*

## 5.  Köln als Beispiel für eine Stadt mit Eigenschaften

Um den Unterschied zwischen einer Stadt mit und einer ohne Eigenschaften zu verdeutlichen, werde ich nun kurz auf die deutsche Stadt Köln eingehen.

Köln ist eine sehr alte Stadt. Sie wurde 30 v. Chr. gegründet. Zu dieser Zeit war sie noch ein Militärlager. Im 1. Jahrhundert n. Chr. wurde das Lager ausgebaut zur *Colonia Claudia Ara Agrippinensium* (CCAA). Diese Stadt war von Anfang an eine Handelsstadt.

Zu Anfang nahm die Bevölkerung rasch zu, so gab es schon im 2. Jahrhundert 20.000 Einwohner. Danach verlangsamte sich das Wachstum stark. Erst im 14. Jahrhundert gab es 30.000 bis 40.000 Einwohner. Im 18. Jahrhundert war die Zahl nur unwesentlich angestiegen und im 19 Jahrhundert gab es 100.000 Einwohner.[74]

---

[71] vgl. NAGEL 1995, S. 358
[72] vgl. ebd., S. 359
[73] KOOLHAAS 1996, S. 23
[74] BÖHME, KÖRTE, TOYKA-SEID 2003, S. 53

Insgesamt ist das Bevölkerungswachstum also eher gering. Das weist darauf hin, dass Köln keine eigenschaftslose Stadt ist, da diese ein *„rasantes Wachstum verzeichnet"*[75].

Der Rhein war ein bestimmendes Element der städtischen Entwicklung. Durch ihn hatte Köln die Möglichkeit, Handel zu betreiben. Er machte die Menschen weltoffen und förderte die kulturelle Vielfalt. Das macht den Rhein zu einem zentralen Identifikationsobjekt der Kölner Bevölkerung.

Trotz der Weltoffenheit ist die kulturelle Vielfalt aber nie so stark gewesen, wie in Singapur. In Köln überwiegt die Zahl der deutschen Einwohner eindeutig. Auch die Religionszugehörigkeit hat einen deutlichen Schwerpunkt auf Katholizismus.[76] Von einer multirassischen und multikulturellen Stadt ist Köln also noch weit entfernt.

In den letzten Jahrhunderten hat sich der Charakter der Stadt verändert. Die vom Handel lebende Gemeinde wurde zu einem industriellen Zentrum und einer Dienstleistungsmetropole. Köln hat sich in dieser Zeit auch äußerlich häufig verändert. Trotz all dieser Veränderungen wurde aber immer sehr viel Wert auf die Erhaltung traditioneller Erkennungszeichen der Stadt gelegt.[77] Eine eigenschaftslose Stadt dagegen wird dadurch gekennzeichnet, dass sie keine Geschichte hat. In einer solchen Stadt übernimmt ein Stadtteil die Repräsentation der Geschichte, der Rest der Stadt ignoriert sie.[78]

Auch heute befindet sich Köln wieder im Umbruch. Köln positioniert sich als Zentrum der modernen Informations- und Kommunikationstechnologien und als kulturelles Zentrum des Rheinlands.[79] Gleichzeitig wird das historische Köln erhalten. Die *„geschichtlichen Tatsachen und volkstümlichen Traditionen [werden] effizient mit den Erfordernissen des modernen Stadtmarketing verschmolzen (...)"*[80] ( s. Abb. 10). Diese Verbindung von Historischem und Modernem und gleichzeitig eine allgemein akzeptierte Identität zu bewahren, ist eine kontinuierliche Aufgabe der Stadtpolitik.[81]

*Abb. 10: Elektrizitätswerk von Köln*

Wie diese Integration des Alten ins Neue funktioniert, läßt sich gut am Wiederaufbau Kölns nach dem zweiten Weltkrieg verdeutlichen.

Köln wurde im Krieg völlig zerstört. Es gab mehr als 250 Luftangriffe, so dass 90 % der Häuser in der Altstadt unbewohnbar waren. Nur der 2000 Jahre alte Grundriss blieb erhalten.[82] Dieser wurde bei den folgenden Wiederaufbauüberlegungen immer berücksichtigt. Außerdem wurde darauf geachtet, dass *„die mittelalterliche Korrespondenz der Kirchen (...) nicht durch Hochhausbauten ge-*

*Abb. 11: Teile von Kölns alter Stadtmauer*

---

[75] KOOLHAAS 1996, S. 22
[76] WESSEL 1997, S. 8
[77] vgl. BÖHME, KÖRTE, TOYKA-SEID 2003, S. 52
[78] KOOLHAAS 1996, S. 25
[79] vgl. BÖHME, KÖRTE, TOYKA-SEID 2003, S. 53
[80] ebd., S. 53
[81] vgl. ebd., S. 53
[82] vgl. ebd., S. 59

*stört"*[83] wurde. Der Grund dafür war der Anspruch, vertraute Orientierungsmuster der Einwohner zu erhalten.

Beim Wiederaufbau der Altstadt wurde besonders darauf geachtet, die historische Parzellenstruktur und die Maßstäblichkeit beizubehalten (s. Abb. 12). Die Altstadt wurde besonders sorgfältig wiederaufgebaut, da sie sehr stark zur Identität der Stadt beiträgt. Trotzdem ist sie nicht mit den von Koolhaas beschriebenen Stadtteilen, die die Geschichte konservieren vergleichbar, da sie *„nach wie vor einen lebendigen und belebten Teil der Kernstadt [bildet]"*[84]

*Abb. 12: Parzellenstruktur der Altstadt*

Das Gesamtziel der politischen Gremien war, beim Wiederaufbau die *„Seele der Stadt"*[85] zu erhalten. Daher wurden historische Bezüge als Grundlage der Zonierung der Kernstadt verwendet. Gleichzeitig wurden sie aber auch an die neuen städtebaulichen Vorstellungen angepasst.[86]

In den letzten Jahren hat sich Köln immer weiter von seinem ursprünglichen Stadtbild entfernt, die wesentlichen Erkennungszeichen wurden jedoch erhalten, bzw. rekonstruiert. Vor allem zentrale Verbindungen, Orientierungspunkte und Sichtachsen wurden beim Erhalt berücksichtigt.[87]

Die Kölner Bevölkerung identifiziert sich sehr stark mit ihrer Stadt. Ein wichtiges Identifikationsobjekt ist der Rhein, der schon im Mittelalter durch die Schifffahrt sehr wichtig für die Handelsstadt Köln war. Die Altstadt ist ein wichtiger Teil Kölns, nicht zuletzt weil sie schon viele Male vom Rhein überschwemmt wurde und es immer wieder überstanden hat.

Des Weiteren sind traditionelle Dinge wie der Kölner Dom (s. Abb. 13), das Kölsch (Bier), der Karneval, der Kölsche Humor, der Kölsche Dialekt und die nicht immer ernst gemeinte Feindschaft zur Nachbarstadt Düsseldorf für die Identität des Kölners wichtig. Diese Dinge sind es, die alle Kölner gemeinsam haben, über die sie sich definieren.

In einer eigenschaftslosen Stadt dagegen sind alle Menschen unterschiedlich. Sie haben keine gemeinsame Geschichte und keine Traditionen, die alle verbinden.

*Abb. 13: Der Kölner Dom als ein wichtiges Identifikationsobjekt*

## 6. Bewertender Vergleich der Städte Singapur und Köln

Singapur und Köln sind sehr unterschiedliche Städte. Beide haben ihre Vor- und Nachteile. Bei genauerer Betrachtung der eigenschaftslosen Stadt Singapur wird deutlich, dass sie nur wenige Vorteile hat. Koolhaas geht auf keines seiner als vorteilhaft dargestellten Merkmale einer eigenschaftslosen Stadt bis ins Detail

---

[83] vgl. ebd., S. 61
[84] ebd., S. 64
[85] ebd., S. 61
[86] vgl. ebd., S. 61

ein. Er gibt keine Beispiele, die beweisen, dass das Prinzip der eigenschaftslosen Stadt funktioniert, dass die Lebensbedingungen dort besser und die Menschen glücklicher sind.

Ich werde die Vor- und Nachteile Singapurs und Kölns im Folgenden genauer betrachten, um abschließend beurteilen zu können, welches der beiden der erstrebenswertere Stadttyp ist.

Die Regierung Singapurs hat es geschafft, der Wohnungsnot beizukommen, indem sie innerhalb kürzester Zeit sehr viele Wohnungen gebaut hat. Diese Maßnahme wurde aber nur nach ihrer Funktionalität überprüft. Die Auswirkungen auf die Bevölkerungen wurden hierbei nicht berücksichtigt. Es wurde zwar darauf geachtet, dass die Anordnung der Wohnblocks eine gute Luftzirkulation ermöglicht, ästhetische Aspekte spielten dabei jedoch keine Rolle.[88]

Das Problem des Platzmangels wurde in Singapur durch den Bau von Hochhäusern gelöst, aber auch hier wurde die Bevölkerung außer Acht gelassen. Die Bewohner dieser Wohnungen sind es gewohnt in flachen Häusern in traditionellen Dorfgemeinschaften zusammenzuwohnen.[89] Tatsächlich wäre es sogar möglich, mit niedrigeren Häusern die gleiche Wohndichte zu erreichen. Es werden aber weiterhin Hochhäuser gebaut, da die Regierung soziale Unruhen fürchtet.[90]

So werden soziale Unruhen vermieden und gleichzeitig neue Missstände hervorgerufen. Es findet eine Entfremdung der Bevölkerung statt, da sie nicht mehr genug Platz hat für die Ausübung ihrer Kultur. Die kleinen Wohnungen reichen meistens nicht für die gesamte Familie, so dass Großfamilien auseinandergerissen werden. Dies führt zum allmählichen Verlust der Kultur. Häufig sprechen die Jungen noch nicht einmal mehr die Sprache ihrer Großeltern, da sie für das alltägliche Leben nicht ihre traditionelle Sprache brauchen. Hierauf reagiert die Regierung mit einer „*Sprich – Mandarin*" – Kampagne.[91]

Alte Leute sind in der alternden Gesellschaft von Singapur ein besonderes Problem. Früher gab es immer viele Kinder in einer Familie. Das hat sich durch die Kampagne „*Stop at two*" geändert. Jetzt verteilt sich die gesamte Verantwortung für die älteren Familienmitglieder auf ein oder zwei Kinder. Diese können mit den Alten aber nichts anfangen, weil sie in einer ganz anderen Kultur aufgewachsen sind (s. o.). Diese Entwicklung führte bald zu einer Überfüllung der Altenheime, so dass diese Heime nun nur noch Menschen aufnehmen, die keine Familie mehr haben.[92]

---

[87] vgl. ebd., S. 65
[88] vgl. NAGEL 1995, S. 343
[89] vgl. ebd., S. 341
[90] vgl. ebd., S. 350
[91] vgl. VIELHABER 1991, S. 41
[92] vgl. ebd., S. 41

Bei Befragungen sagen die meisten Menschen trotzdem, dass sie mit ihrer Wohnsituation zufrieden sind. Diese Aussage muss man aber immer unter der Berücksichtigung der Macht der Regierung über die Bevölkerung betrachten.[93]

Aber auch die Regierung hat festgestellt, dass die Identität der ethnischen Gruppen sehr wichtig für Singapur ist. Die Gruppen müssen eigenständiger werden und nach ihrer eigenen Tradition leben dürfen. Gleichzeitig ist es auch wichtig, dass sie die anderen Gruppen tolerieren und respektieren. So kann man der Entfremdung entgegenwirken und Bürgerkriege vermeiden.[94]

Singapur ist also selbst zu dem Schluss gekommen, dass eine Stadt ganz ohne Identität nicht bestehen kann. So sagte Premierminister Goh Chok Tong bei seiner Amtseinführung 1990:

> „Ein Land ist kein Stück Treibholz, umhergetrieben von Winden und Gezeiten. Gleich einem majestätischen Baum bedarf es tiefgreifender Wurzeln: Ein einzigartiges System von Werten, das zu seinem Wachstum beiträgt und das es von anderen Ländern unterscheidet."[95]

In den letzten Jahren wurde immer mehr Wert darauf gelegt, dass die *New Towns* einen eigenen Charakter entwickeln.[96] Man könnte also sagen, Singapur empfindet es als vorteilhaft, Eigenschaften auszubilden. Daher entwickelt es sich nun allmählich von der eigenschaftslosen Stadt weg, es versucht Identität zu entwickeln und dem Einzelnen das Festhalten an traditionellen Werten zu ermöglichen.

In Köln dagegen hat man von vornherein Wert darauf gelegt, die Kultur der Stadt zu erhalten. Das wurde erreicht, indem man die alten Elemente der Stadt mit den neuen, funktionalen Dingen, kombiniert hat. Dadurch wird es der Bevölkerung ermöglicht, sich weiterhin mit der Stadt zu identifizieren und sich in ihr zurechtzufinden. Gleichzeitig können aber auch moderne Gebäude gebaut und die Stadt verändert werden. Tokya-Seid bemängelt allerdings die Ausführung der Kombination von Alt und Neu in Köln. Er sagt beispielsweise: *„Der Domhügel wurde regelrecht ins Stadtzentrum einbetoniert und planiert."*[97]

Der Umgang mit der Stadt Köln ist ein Kompromiss, mit dem sowohl die jungen Leute, die schnelle Bewegung und Modernismus vorziehen, als auch die älteren Generationen, die an der Tradition festhalten wollen, zufrieden gestellt werden. Diese Kombination von Altem und Neuem ermöglicht außerdem das Fortbestehen der Traditionen in den jüngeren Generationen. Die Kombination ist in Köln

---

[93] vgl. NAGEL 1995, S. 356
[94] vgl. VIELHABER 1991, S. 12
[95] ebd., S. 19
[96] vgl. NAGEL 1995, S. 357
[97] vgl. BÖHME, KÖRTE, TOYKA-SEID 2003, S. 61

nicht hervorragend gelungen, aber das Prinzip ist ein wertvoller Ansatz für die Stadterneuerung.

Der Wiederaufbau von Köln ist vom Erhalt des *Genius loci* geprägt. Es wurden zwar neue Elemente in das Stadtgefüge integriert, aber der Geist der Stadt wurde dabei nicht aus den Augen verloren. Um Identifikationspunkte für die Bevölkerung zu erhalten, wurde es sogar als notwendig empfunden, den *Genius loci* der Stadt wiederzufinden und im neuen Stadtbild sichtbar zu machen.

In Singapur dagegen sind sehr viele der von Augé beschriebenen Nicht-Orte entstanden, so dass die Menschen kaum noch Bezugspunkte haben und sich ihre unterschiedlichen Kulturen nicht im Stadtbild ausdrücken. Das verursacht das allmähliche „*Hohlwerden*"[98] der Traditionen. In den letzten Jahren hat Singapur die Nachteile dieser Entwicklung verstanden und strebt nun auch nach dem Wiederbeleben des *Genius loci*, das heißt, ein Teil der asiatischen Identität soll beibehalten werden.[99]

## 7. Auf der Spur des *Genius loci* – Beispiele aus der Praxis

Die beiden Landschaftsarchitekten Bernard Lassus und Peter Latz gehen in ihren Projekten einen ähnlichen Weg wie die Stadterneuerung in Köln. Sie versuchen, den Ort so gut wie möglich zu verstehen und ihn daraufhin angemessen um- beziehungsweise neu zu gestalten.

BERNARD LASSUS geht es in seinen Arbeiten um die Entdeckung *des alltäglichen Ortes*[100]. In seinen Augen hat die Landschaft eine Konsistenz wie ein Blätterteig: Sie besteht aus vielen verschiedenen Schichten, die wahrnehmbare und imaginäre Inhalte haben.[101] Um diese Schichten mit all ihren Inhalten zu verstehen, entdeckte Lassus die *erfinderische Analyse*, für die man eine *„umherschweifende Aufmerksamkeit"* braucht, die alle Besonderheiten und Charakteristika einer Landschaft einfängt.[102] Nach Norberg-Schulz ist dieses Vorgehen die Suche nach dem *Genius loci*.

Ein weiters Ziel Lassus´ ist es, eine Umwelt von sinnlichem Reichtum mit möglichst minimalem Eingriff zu schaffen. Damit ist gemeint, dass er mit möglichst kleinen Eingriffen versucht, aus unzusammenhängenden Landschaftselementen ein lesbares Landschaftsbild zu entwickeln.[103] Diese Herangehensweise versucht

---

[98] vgl. VIELHABER 1991, S. 19
[99] vgl. NAGEL 1995, S. 370
[100] vgl. WEILACHER 1999, S. 106
[101] vgl. LASSUS 1991, S.138
[102] vgl. ebd., S. 136
[103] vgl. WEILACHER 1999, S. 106

den *Genius loci* so wenig wie möglich zu verändern. Er wird nur in einen anderen Kontext gesetzt.

Im Folgenden erläutere ich an einem Beispiel, wie Lassus seine Ziele in einem konkreten Projekt umgesetzt hat.

1982 gab es einen offenen Wettbewerb für Landschaftsarchitekten, einen Park an der Charente zu entwerfen, wo zu dieser Zeit die *‚Corderie Royale'*, die königliche Seilerei, restauriert wurde (s. Abb. 14).[104]

Bei diesem Wettbewerb wurde auf drei Aspekte besonderen Wert gelegt:

1. die Bewahrung der Identität des Ortes
2. eine gelungene psychologische Verbindung zwischen der Stadt und der Corderie
3. eine dem industriellen Charakter des Bauwerks angemessene Freiraumgestaltung.[105]

Der erste Ansatz von Lassus, die Corderie und ihre umgebenden Freiflächen wieder in die Stadt Rochefort einzubeziehen, war die Belebung des alten Gebäudes durch neue Aktivitäten.

Des Weiteren legte er auf den Grundmauern einer Festung aus dem 2. Weltkrieg den Takelagenplatz an, wo Nachbildungen der historischen Takelage gezeigt werden, die in der Corderie hergestellt wurden. In einem Heckenlabyrinth werden Miniaturen historischer Schiffe ausgestellt. Das Arrangement soll die historischen Seeschlachten darstellen.

*Abb. 14: Gesamtansicht der Corderie*

Durch die Darstellung der Vielschichtigkeit des Ortes erreicht Lassus sein Ziel, den *Genius loci* zu erhalten und gleichzeitig den Ort neu zu gestalten.

PETER LATZ vertritt die Ansicht, dass der *Genius loci* ein wichtiger Aspekt eines Ortes ist. Dies läßt sich gut an seinem Projekt *„Landschaftspark Duisburg Nord"* verdeutlichen.

Im Jahr 1989 wurde der Park von der Stadt Duisburg als Projekt zur Internationalen *„Bauausstellung Emscher Park"* angemeldet. Die Ziele dieses Projektes waren die ökologische Erneuerung, die Verbesserung der Lebensverhältnisse, die Leistung eines Beitrags zur Identitätsbildung der Region und die Schaffung einer landschaftlichen Verknüpfung mit dem Rhein.

Das Konzept der Firma Latz und Partner für dieses Projekt leitete sich von den Spuren des Ortes ab und ordnete sich ihnen behutsam unter. Der neu zu gestaltende Raum war voller sich einander überlagernden und widersprechenden Elementen. Damit sind die Bahnschienen , die keine Funktion mehr erfüllen, und die sich spontan vermehrende Ruderalvegetation gemeint.

*Abb. 15: Veranstaltung im Hüttenwerk*

---

[104] vgl. BANN 1995, S. 73
[105] vgl. LASSUS u. a., S. 41

Diesem System nun durch eine Umgestaltung noch weitere neue Muster und Informationen hinzuzufügen, hielt Latz für unsinnig. Ebenso würde der Ort den *Genius loci* verlieren und damit seine Identität aufgeben, wenn man versuchen würde, ihn als von der Stadt abgegrenzte Einheit zu konzipieren. Statt dessen lässt Latz die Räume lesbar werden, indem er Informationen bereitstellt und so neue Interpretations- und Verknüpfungsmöglichkeiten ermöglicht.[106]

Peter Latz  versucht also, die vorhandenen Elemente neu zu interpretieren, so dass sie zu Landschaft werden. So sieht er zum Beispiel in den Bahnlinien, die das Gebiet bereits erschließen, ein ideales Wegenetz für den Landschaftspark.[107] Auch die Gebäude und Hüttenwerke blieben weitgehend erhalten und werden auf verschiedene Weise genutzt. Neben ihrer Wirkung als Landmarken bilden ihre Innenräume einen Indoorpark (s. Abb. 15 und 16).[108]

*Abb. 16: Die Lagerhallen werden als Veranstaltungsorte genutzt*

Die Arbeit der beiden Landschaftsarchitekten Bernard Lassus und Peter Latz ist also ein gutes Beispiel dafür, wie man in der Landschaftsarchitektur mit dem *Genius loci* umgehen kann.

Nicht in jedem Projekt ist der *Genius loci* zu berücksichtigen, aber wenn eine Identifizierung der Bevölkerung mit dem Ort angestrebt wird, ist es sinnvoll, ihn nicht vollständig zu ignorieren.

---

[106] vgl. LATZ u. a. 1991, S. 9
[107] vgl. ebd., S. 5
[108] vgl. ebd., S. 13

## 8.  Literatur- und Quellenverzeichnis

AUGÉ, Marc (1994): Orte und Nicht-Orte. Vorüberlegungen zu einer Ethnologie der Einsamkeit.

BANN, St. (1995): The Landscape Approach of Bernard Lassus: Part II. (Journal of Garden History) London

BERTELSMANN VOLKSLEXIKON (1960). Gütersloh

BÖHME, Helmut; KÖRTE, Arnold; TOKYA-SEID, Michael (2003): Wohnen Bauen – Planen. Erneuerung historischer Kernstädte in Südostasien und Europa im historisch-architektonischen Vergleich. Darmstadt

DTV – LEXIKON (1973). München

GROßES LEXIKON A-Z. Zeitnah und übersichtlich (1996). Chur(Schweiz), Gütersloh

JOHANEK, Peter (2004): Vielerlei Städte. Der Stadtbegriff. (Städteforschung. Reihe A: Darstellungen 61) Köln, Weimar, Wien

KOOLHAAS, Rem (1996): Die Stadt ohne Eigenschaften. In: Arch+ 132

LASSUS, Bernard u.a.: Zum Wettbewerb „Parc de Charente". (Garten und Landschaft 8/84)

LASSUS, Bernard (1991): Zwischen Schichtung und Tiefe. (Vision offener Grünräume: Grüngürtel Frankfurt. Hg. von T. Königs) Frankfurt/Main

LATZ, Peter u. a. (1991): Der Landschaftspark Duisburg Nord.

NAGEL, Frank Norbert (1995): Stadtentwicklung und Stadterneuerung. Hamburg – London – Singapur. (Mitteilung der geographischen Gesellschaft in Hamburg. Hg. von Frank Norbert Nagel. Bd. 85) Stuttgart

NORBERG-SCHULZ, Christian (1982): Genius loci. Stuttgart

VIELHABER, Arnim (1991): Singapur verstehen. (Sympathie Magazin. Hg. vom Studienkreis für Tourismus e. V.. Nr. 25) München

WEILACHER, Udo (1999): Zwischen Landschaftsarchitektur und Land Art. Basel

WELTBILD UNIVERSAL-LEXIKON VON A BIS Z (2002). Augsburg

WESSEL, Günther (1997): Köln (Polyglott-Reiseführer). München

## 9.  Abbildungsverzeichnis:

Abb. 1:  *Die* Peis bank of China *in Hongkong ist eines der höchsten Gebäude der Welt,* MULTIMEDIA-ENZYKLOPÄDIE (2002)

Abb. 2:  *Karte von Singapur,* MULTIMEDIA-ENZYKLOPÄDIE (2002)

Abb. 3:  *Verteilung der ethnischen Gruppen in Singapur,* MULTIMEDIA-ENZYKLOPÄDIE (2002)